Bibliografische Information der Deutschen Nationalbibliothek:

Die Deutsche Bibliothek verzeichnet diese Publikation in der Deutschen National-
bibliografie; detaillierte bibliografische Daten sind im Internet über http://dnb.d-
nb.de/ abrufbar.

Impressum:

Copyright © 2016 GRIN Verlag
Druck und Bindung: Books on Demand GmbH, Norderstedt Germany
ISBN: 9783668764545

Andreas Stadler

Deutschlands Wirtschaft aktuell. Probleme und Perspektiven

GRIN Verlag

Andreas Stadler

Deutschlands Wirtschaft aktuell

– Probleme und Perspektiven

Inhaltsverzeichnis

Abbildungsverzeichnis 2

1. Einleitung 1

    1.1. Problem- und Fragestellungen der Arbeit 1

    1.2. Aufbau der Arbeit.. 1

    1.3. Forschungsmethodik 1

2. Utopia – Fiktives Beispiel 3

3. Wirtschaftliche Entwicklung bis jetzt 4

    3.1. BIP in Deutschland... 4

    3.2. Inflationsrate in Deutschland.. 6

    3.3. Arbeitslosenzahlen in Deutschland 8

    3.4. Handelsbilanz in Deutschland 8

4. Deutschlands Wirtschaft aktuell 10

    4.1. BIP.. 10

    4.2. Inflation 11

    4.3. Arbeitslosigkeit 11

    4.4. Handelsbilanz 12

    4.5. Bildung 13

5. Zukunftssausichten Deutschlands 14

6. Fazit... 14

Literaturverzeichnis.. 16

Abbildungsverzeichnis

Abbildung 1: BIP von 1991 – 2014

Abbildung 2: Veränderung des BIP von 1950 bis 2014 in Prozent

Abbildung 3: Inflationsrate in Deutschland von 1951 - 2014

Abbildung 4: Arbeitslosigkeit in Deutschland von 1980 – 2014 in Prozent

Abbildung 5: Exporte Deutschlands

1. Einleitung

1.1.   Problem- und Fragestellungen der Arbeit

Das Thema dieser Arbeit ist „Deutschlands Wirtschaft aktuell – Probleme und Perspektiven".
Deutschland befindet sich geographisch im Zentrum Europas, des Kontinents, der neben
Nordamerika und Teile Südostasiens zu den stärksten Wirtschaftsregionen weltweit (Triade)
gehört. In dieser Arbeit geht es gleichermaßen um die wirtschaftliche Entwicklung
Deutschlands in der Vergangenheit sowie um aktuelle wirtschaftliche Entwicklungen.
Außerdem werden Zukunftsperspektiven diskutiert. Dabei werden verschiedene Indikatoren
eingeführt, kritisch beleuchtet und in den Zusammenhang eingeordnet. Dadurch entsteht eine
möglichst breit gefächerte und fundierte Beleuchtung der Problematik.

1.2.   Aufbau der Arbeit

Um Ihnen die Thematik näher zu bringen, bediene ich mich eines fiktiven Beispiels aus
Utopia. Darin geht es um einen fiktiven Staat mit 1.000 Bürgern. Mit diesem Beispiel leite ich
diese Arbeit ein und mache Ihnen klar, was eigentlich die Problematik in einem gut
funktionierenden Staat ist. Die folgende Arbeit soll darstellen, wie sich die Wirtschaft bisher
entwickelt hat und wie sie sich momentan entwickelt. Das Bruttoinlandsprodukt misst das
Wirtschaftswachstum und ist somit die wichtigste Kennzahl in dieser Arbeit. Außerdem bin
ich auf die Inflationsrate, die Arbeitslosenrate, die Handelsbilanz und die Bildung
eingegangen. Alles hat direkt mit der Wirtschaftlichen Entwicklung zu tun. Deswegen hielt
ich es für sinnvoll darauf einzugehen. Weil die wirtschaftlichen Zukunftsaussichten mit der
Vergangenheit im Zusammenhang stehen, hielt ich es für ratsam in Kapitel 3 auf die
Wirtschaftliche Entwicklung bis jetzt einzugehen.

1.3.   Forschungsmethodik

Kapitel 1 ist die Einleitung. In Kapitel 2 habe ich das fiktive Beispiel niedergeschrieben. Das
Beispiel habe ich aus einem Buch übernommen. Ich habe das Buch nur als Kindle Version.
Die hierzu gehörende Quelle ist das Buch „Deutschland, Morgenland, Sorgenland –
Gedankenprotokoll-trockene Analyse der Entwicklung in Deutschland der letzten Jahrzehnte
bis heute" von Kirschenhofer. Das 3. Kapitel handelt von der wirtschaftlichen Entwicklung
bis jetzt, sprich bis zum Jahr 2015. Zur Wirtschaftlichen Entwicklung gehören wichtige
Kennzahlen, die in dieser Arbeit selbstverständlich erörtert wurden. Diese habe ich in
Unterkapitel aufgeteilt. Hierzu gehören das BIP, die Inflationsrate, die Arbeitslosenzahlen und
die Handelsbilanz. In Kapitel 3 und 4 habe ich häufig Internetquellen verwendet. Des
Weiteren habe ich Graphiken benutzt, um die Thematik besser darzustellen und zu skizzieren.

Ich bin davon überzeugt, dass die Thematik bedingt durch die Graphiken verständlicher rüberkommt. Für das Kapitel 3.1. BIP in Deutschland habe ich die Internetseite des Statistischen Bundesamtes als Quelle verwendet. In Kapitel 3.2. habe ich auf die Internetseite Inflation Deutschland zurückgegriffen und für das Kapitel 3.4. Handelsbilanz in Deutschland verwende ich das Buch von Mankiw „Grundzüge der Volkswirtschaftslehre". In Kapitel 4 Deutschlands Wirtschaft aktuell bediene ich mich im Zusammenhang mit dem BIP wieder der Internetseite des Statistischen Bundesamtes als Quelle. Im Zusammenhang mit Kapitel 4.2 Inflation bin ich auf die Internetseiten tagesgeldvergleich.com und onvista.de als Quellen gestoßen. und im Kapitel 4.3. Arbeitslosigkeit die Internetseite der Deutschen Bundesbank. In dem Unterkapitel Handelsbilanz verwende ich die Quelle Bundesministerium für Wirtschaft und Energie. Das Unterkapitel Bildung hängt unmittelbar mit der wirtschaftlichen Entwicklung unseres Landes zusammen, denn diejenigen, die jetzt zur Schule gehen und studieren sind unsere künftigen Führungskräfte und Arbeitnehmer. Hierzu habe ich die Internetseite des Bundesministeriums für Bildung und Forschung als Quelle gefunden und die der OECD. Über die OECD habe ich Einsicht in die PISA Tests aus dem Jahr 2012 nehmen können. Ich habe im Harvard Style zitiert und sowohl Vergleiche als auch direkt einzelne Sätze zitiert.

2. Utopia – Fiktives Beispiel

Nehmen wir mal an, wir sind einer von 1.000 Bürgern in Utopia. Der Staatshaushalt beläuft sich pro Periode auf genau 1.000 Geldeinheiten. Die Bürger verdienen 10 Geldeinheiten Pro Periode und sind verpflichtet pro Periode eine von diesen 10 Geldeinheiten an den Staat zu bezahlen. Das entspricht einer Abgabe von 10 %, das ist eigentlich nicht viel und für alle problemlos tragbar. Und nun nehmen wir mal an, dass 10 Bürger aufgrund einer Erwerbsunfähigkeit nicht einzahlen können. Dann fehlen genau 10 Geldeinheiten im Budget des Staates. Folglich werden die 990 anderen Bürger diese Last tragen müssen. 10 Geldeinheiten für 990 Bürger sind auch nicht allzu schwer zu tragen. Sollten noch weitere Zahler ausfallen, dann wird das sicherlich problematisch, denn es muss nicht nur der Haushalt bezahlt werden, sondern noch die Sozialleistungen, man nennt sie auch Transferzahlungen, die Nicht-Erwerbstätige statt ihren Löhnen beziehen. Fallen 30 Prozent aus, dann sind das genau 300 Einzahler. Das hat zur Folge, dass 300 Geldeinheiten von den restlichen Erwerbstätigen geschultert werden müssen. Das entspricht 0,42 Geldeinheiten mehr für jeden. Diese 300 Geldeinheiten sind aber noch nicht alles. Diese 300 Erwerbslosen müssen finanziert werden, weil sie auch überleben müssen. Nehmen wir an, sie bekommen die Hälfte der Einkommen, was genau 5 Geldeinheiten entspricht. Um auf den neuen Staatshaushalt zu kommen, muss man nun 5 mit den 300 Erwerbslosen multiplizieren und den alten Staatshaushalt hinzuaddieren. Das entspricht genau 2.500 Geldeinheiten. Diese 2.500 Geldeinheiten werden nun nur noch von 700 Bürgern getragen. Das sind dann 3,56 Geldeinheiten, 2,56 Geldeinheiten mehr als ursprünglich geleistet werden mussten. Von 10 Prozent auf 35,6 Prozent.

In diesem Beispiel sind ganz klar die Sozialleistungen das ganz große Problem. Durch diesen Posten vervielfacht sich die Abgabenlast.

Da die ganzen Erwerbstätigen in der Produktion tätig waren, fehlen nun 30 Prozent mehr Arbeitsleistung. Das bedeutet also, dass die 70 Prozent Arbeiter jetzt viel mehr arbeiten müssen, damit Utopia und der Staat sich entwickeln können. Bei einem 8 Stunden Tag sind das 2,4 Stunden mehr Arbeit. Das wirkt sich sicherlich auf die Produktivität aus. Weil nicht alle mit der Belastung klarkommen, fallen auch wieder mehr Einzahler aus. Und das hat wiederum mehr Sozialausgaben zur Folge. Wie sie sehen können ist das ein Problem, welches dann nicht mehr so einfach reparabel ist. Wenn am Ende nur noch 100 Arbeiter beschäftigt

sind, dann arbeiten sie nur noch komplett für die Staatsausgaben. Auswanderung ist die Folge.
[1]

Das Ergebnis sehen sie ständig bei uns in den Nachrichten. Das Problem, welches sich hier stellt, sind nicht die ungerechten Steuern oder die Sozialleistungen. Der Staat muss diese zahlen. Schließlich kann man die Menschen ja nicht verhungern lassen. Das Problem sind eindeutig diejenigen, die nicht arbeiten gehen, obwohl sie es können.

3. Wirtschaftliche Entwicklung bis jetzt

3.1.   BIP in Deutschland

Das Bruttoinlandsprodukt ist die Summe der in einem Land produzierten Güter und Dienstleistungen. Das BIP wird grundsätzlich in der Landeswährung ausgedrückt. 2015 lag das BIP bei 3.025,900 Mrd. € und stieg im Vergleich zum Vorjahr um 3,8 Prozent. Mit der Wiedervereinigung am 3. Oktober 1990 verschmolz die BRD mit der DDR. Zum neuen Deutschland gehörten nun fast 17 Millionen mehr Menschen. Mit der Wiedervereinigung kam auch produzierendes Gewerbe hinzu. Deswegen stieg das BIP so erheblich von 1989 bis 1990. In den 70er Jahren stieg das BIP um durchschnittlich 2,9 Prozent. Bis auf 1975 zeichnete sich Deutschland von Jahr zu Jahr mit steigenden Zuwachsraten aus. Die Phase des Aufschwungs Anfang der 1970er Jahre nahm mit dem ersten weltweiten Ölpreisschock im Herbst 1973 ein jähes Ende. Dies führte für das Jahr 1975 zu dem bis dahin am stärksten ausgeprägten Rückgang des preisbereinigten Bruttoinlandsprodukts in der Nachkriegszeit (–0,9% gegenüber dem Vorjahr). Durch das Lieferembargo der OPEC-Länder hatte sich der Ölpreis im Herbst 1973 in wenigen Monaten vervierfacht.[2] In den 80er Jahren wies Deutschland bis auf das Jahr 1982 steigende Zuwachsraten auf. Im Durchschnitt wuchs das BIP jährlich um 2,6 Prozent. Im Jahr 1982 kam es zur zweiten Ölkrise, bedingt durch den Irak-Krieg. In diesem Jahr ging das BIP um 0,4 Prozent zurück. Wie aus Abbildung 2 ersichtlich, stieg das BIP in den 90ern in Deutschland durchschnittlich um 1,6 Prozent. Wieder gab es bei der permanenten positiven Entwicklung ein Jahr in dem sich das BIP um minus 1,0 Prozent negativ entwickelt hat. Grund daran war die Rezession im Jahr 1993, die die Folge des Golfkrieges und des daraus resultierenden Anstiegs der Ölpreise war.[3] Obwohl wir aufgrund der Finanz- und Bankenkrise aus dem Jahr 2007 im Jahr 2009 in eine Rezession gerutscht sind und das BIP etwa 5,6 Prozent verloren hat, entwickelte sich das darauffolgende Jahr

---

[1] Vgl. Kirschenhofer, Pos. 243 – 280 Kindle Edition
[2] Statistisches Bundesamt Deutschland 2015, unter
https://www.destatis.de/DE/PresseService/Presse/Pressekonferenzen/2015/BIP2014/Pressebroschuere_BIP20
14.pdf?__blob=publicationFile (abgerufen 18.02.16)
[3] Vgl. a.a.O.

bereits positiv und beendete das Jahr mit einem Aufschwung in Höhe von ca. 4,1 Prozent. Bei der Finanz- und Bankenkrise zog die Öffentlichkeit parallelen zur Weltwirtschaftskrise von 1929. Die Krise aus 2007 war die Folge der aufgeblähten amerikanischen Immobilienpreise. Dies führte zum Zinsanstieg der Interbankenfinanzkredite und hatte schließlich Bankinsolvenzen, wie die der Lehmann Brothers, zur Folge. Daraus resultierte Misstrauen zwischen den Banken. Folglich wurde eine Menge Geld abgezogen und die Staaten waren gezwungen mit einer Menge Geld und ein Absinken des Zinssatzes zu intervenieren. Nun haben wir das Jahr 2016 und wir haben immer noch einen Zinssatz von 0,05 Prozent. Auch in diesem Jahrzehnt sank das durchschnittliche BIP auf 0,9 Prozent. Schuld daran war wahrscheinlich die bereits erwähnte Finanz- und Bankenkrise. Bereits hier wird ersichtlich, dass das BIP von Jahrzehnt zu Jahrzehnt kontinuierlich abnahm. In den 50ern hatte Deutschland noch ein Wirtschaftswachstum von durchschnittlich 8,2 Prozent und in den Jahren von 2001-2010 um nur +0,9 Prozent. Das Bruttoinlandsprodukt ist stetig gesunken. Woran liegt das? Waren das einmalige Konjunkturtiefs, die ein Absinken des durchschnittlichen BIPs nach sich zogen. Wenn, dann fragt man sich warum es kontinuierlich gesunken ist. Waren die Konjunkturtiefs von Jahrzehnt zu Jahrzehnt stärker? Ich denke es liegt an den Zuwachsraten, die fortwährend absanken. Wahrscheinlich ist unser Planet langsam satt. Die Märkte wachsen noch, allerdings nicht mehr so stark. Die europäischen Märkte und der amerikanische Markt wachsen nicht mehr besonders stark. Da wir in Asien und Lateinamerika größtenteils Schwellenländer haben, wird es in diesen Ländern sicherlich noch eine Entwicklung geben. Irgendwann kommt evtl. Afrika noch als interessanter Markt ins Spiel. Momentan ist die Kaufkraft in Afrika zu niedrig, als dass sie aus Deutschland Waren beziehen. Das wird sich ggf. noch irgendwann ändern. Festzuhalten bleibt, dass die Entwicklung des durchschnittlichen BIPs an den Zuwachsraten liegt, die stetig schrumpfen.

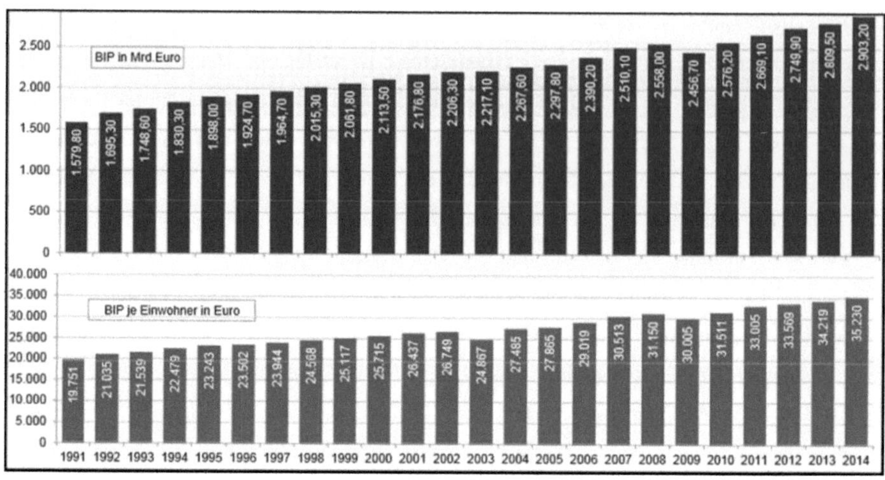

Abbildung 1: BIP von 1991 – 2014

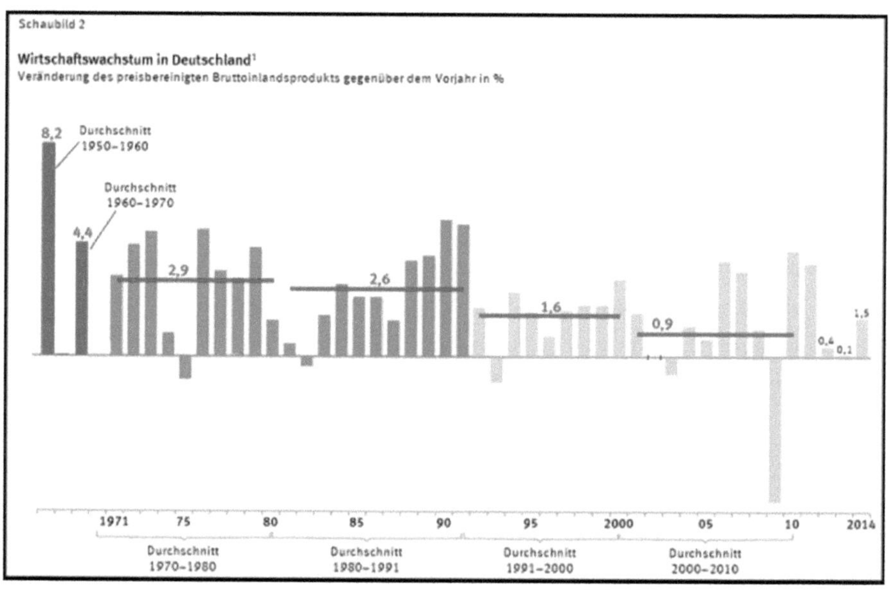

Abbildung 2: Veränderung des BIP von 1950 bis 2014 in Prozent

3.2.   Inflationsrate in Deutschland

Grundsätzlich unterscheidet man zwischen Inflation und Deflation. Man nennt die Inflation auch Geldentwertung, weil hierbei die Güterpreise steigen und die Kaufkraft abnimmt. Man kann dann mehr für sein Geld kaufen. Gemessen wird die Inflation, indem man den

Warenkorb dieses Jahres mit dem des Vorjahres vergleicht. Die Inflationsrate sollte pro Jahr nicht mehr als 2,0 betragen, denn bei einer Teuerungsrate von 2,0 kann sich die Volkswirtschaft am besten entwickeln. Eine Teuerungsrate führt dazu, dass die Löhne und Gehälter steigen und somit mehr konsumiert wird.

Wie aus Abbildung 3 ersichtlich liegt die Inflationsrate in den Jahren 1951 bis 2014 grundsätzlich zwischen 0 bis 3 Prozent. In den seltensten Fällen schlägt sie aus. Grund dafür sind immer konjunkturelle oder wirtschaftspolitische Probleme. Ungewöhnlich hoch war sie in den Jahren 73 – 75 und 80 – 82. Ungewöhnlich tief war sie in dem Jahr 1986. Von 73 -75 gab es bedingt durch den Ölpreisanstieg eine Weltwirtschaftskrise, die einen BIP Rückgang zur Folge hatte. Die Teuerungsrate stieg in diesen Jahren um bis zu 7 Prozent. Weil Öl als Rohstoff ein Bestandteil vieler Fertigprodukte ist, erhöhten sich die Preise so extrem. Auch in den Jahren 80 – 82 gab es eine Ölkrise, die den gleichen Effekt hatte. Mitte der 80er Jahre bewegte sich die Inflationsrate sogar in den negativen Bereich. Die Ursache war ein massiver Preisverfall bei Öl. Saudi-Arabien hat seine Fördermenge im Winter 1986 stark ausgeweitet, was einen Preisrückgang um etwa 50 Prozent zur Folge hatte.[4] Die Entwicklung des Ölpreises spielt also bei der Entwicklung der Inflationsrate eine wichtige Rolle. Grund dafür ist, dass viele Waren und Güter Erdöl als Grundressource benötigen und somit deren Preise vom Ölpreis abhängig sind.

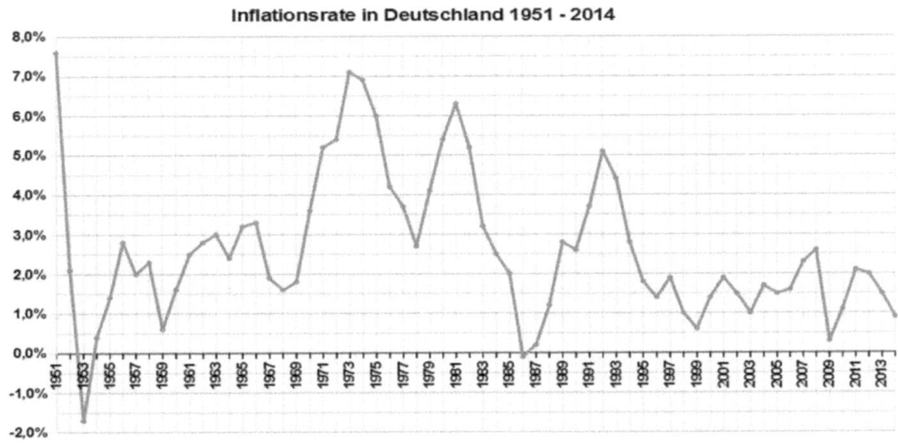

Abbildung 3: Inflationsrate in Deutschland von 1951 - 2014

---

⁴ Vgl. Inflation Deutschland (2016), unter
http://www.inflation-deutschland.de/inflation-historisch.html (abgerufen 18.02.16)

Aus Abbildung 4 wird ersichtlich, dass die Arbeitslosenzahlen seit 2005 bis auf das Jahr 2009 stets gesunken sind. Im Jahr 2009 ist die Arbeitslosenrate um lediglich 0,3 Prozent auf 7,7 Prozent gestiegen. Trotz der Finanzkrise werden in Deutschland immer wieder Arbeitsplätze geschaffen. Von Jahr zu Jahr sinkt die Arbeitslosenrate. Das liegt einzig und allein an der Tatsache, dass Deutschland bis zum Jahr 2009 Exportweltmeister war. Weil wir in einem exportorientierten Land leben, produzieren wir viel für das Ausland und das schafft neue Arbeitsplätze. Die Welt entwickelt sich weiter, dadurch entstehen neue Märkte und diese importieren deutsche Waren. Auch Kanzlerin Merkel hat mit den durch die Finanzkrise stammenden Konjunkturpaketen einen großen Anteil an einem Rückgang der Arbeitslosigkeit. Mit der Anfang 2009 beschlossenen Umweltprämie wollte sie die deutsche Automobilindustrie und vor allem Opel schützen. Deutschland hat Merkel den flächendeckenden Mindestlohn zu verdanken, der keine Arbeitsplätze vernichtet hat, sondern den Arbeitnehmern in den betroffenen Branchen ein höheres Einkommen beschert hat. Die Regierung Merkel hat konstant Arbeitsplätze geschaffen. Im Jahr 2015 hatten wir in Deutschland nur noch 4,7 Prozent Arbeitslose. Das ist im Europavergleich Spitze.

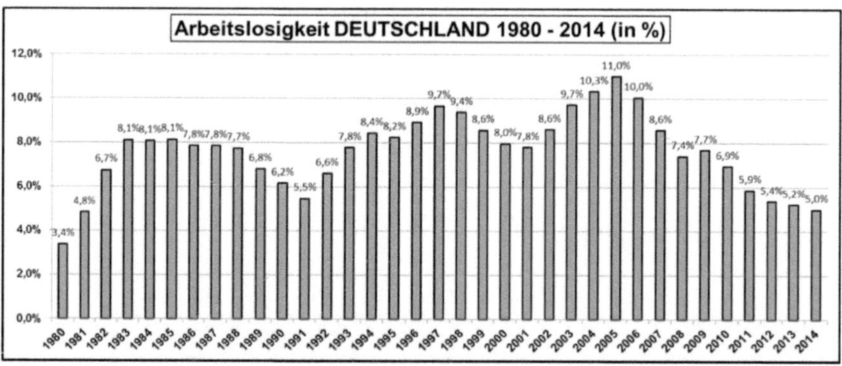

Abbildung 4: Arbeitslosigkeit in Deutschland von 1980 – 2014 in Prozent

Die Handelsbilanz ist die Summe aus Exporten und Importen. Wenn die Handelsbilanz ungleich ist, dann ergeben sich Zahlungsverpflichtungen oder Zahlungsforderungen an das Ausland. Sind die Exporte größer als die Importe, dann sprechen wir von einer positiven Handelsbilanz. Man nennt das auch Handelsbilanzüberschuss (Leistungsbilanzüberschuss), der zusätzlich ein Kapitalexport ist. Sollte Deutschland mehr importieren als sie exportieren, dann spricht man von einem Handelsbilanzdefizit, auch Leistungsbilanzdefizit genannt.[5] Das Handelsbilanzdefizit entspricht einem Kapitalimport.

Bis 2009 war Deutschland Exportweltmeister, das heißt, dass Deutschland mehr exportiert hat als jedes andere Land. Führend war die Automobil- und Maschinenindustrie. Deutschland hat kluge Köpfe, vor allem die Ingenieurbranche profitiert von diesen Leuten. Nach Saudi-Arabien, das die ganze Welt mit erstklassigem Erdöl beliefert, ist Deutschland zweiter Platz in der Handelsbilanzüberschussstatistik (Stand 2011). Obwohl China Deutschland den Rang abgelaufen hat, exportiert Deutschland nach wie vor viel mehr als sie importieren. Das wirkt sich selbstverständlich auf die Wirtschaft aus. Denn aus diesem Grund wird in Deutschland mehr produziert. Das schafft Arbeitsplätze und sichert diese. Außerdem steigen dadurch die Einkommen. Frankreich ist Deutschlands wichtigster Handelspartner. Zweitgrößter Handelspartner ist die Niederlande und drittgrößter ist China.

In Deutschland sind wir mit einem Wirtschaftswachstum von 1,5 Prozent bereits überglücklich. China hat Wachstumsraten von 7 – 8 Prozent und einige Jahre zuvor noch 9 – 10 Prozent. China ist seit 2009 Exportweltmeister und hat sich innerhalb einiger Jahrzehnte, nachdem der Kommunismus gelockert wurde, von einem Dritte-Welt-Land zu einem Schwellenland, das auf dem Sprung zum Industrieland ist, entwickelt. In China entwickelt sich die Welt schneller als anderswo. Die Städte wachsen und die Bauaufträge nehmen kein Ende. Das Land legt eine Menge Wert auf Bildung, innerhalb weniger Jahre sind dort elitäre Universitäten entstanden, in denen nur die klügsten Köpfe des Landes studieren dürfen. Jeder, der sich immatrikulieren möchte, muss einen Eignungstest absolvieren. Die Zeiten des Kopierens und des Technologiediebstahls sind Vergangenheit. Heutzutage forschen chinesische Wissenschaftler an allen wichtigen zukunftsorientierten Technologien. Kein anderes Land schafft es einen Wolkenkratzer samt Fundament in 19 Tagen fertig zu stellen.

---

[5] Vgl. Mankiw, 2004, S. 732

Rang (2011)	Land	1970	1980	1990	2000	2007	2008	2009	2010	2011
1.	China	2.307	18.099	62.091	249.203	1.220.456	1.430.693	1.201.612	1.577.824	1.898.600
2.	USA	43.241	225.566	393.592	781.918	1.148.199	1.287.442	1.056.043	1.278.263	1.480.646
3.	Deutschland	34.228	192.860	421.100	551.810	1.321.214	1.446.172	1.120.041	1.258.924	1.473.889
4.	Japan	19.318	130.441	287.581	479.249	714.327	781.412	580.719	769.839	822.674
5.	Niederlande	13.355	73.960	131.775	233.130	550.755	637.918	497.891	574.251	660.379
6.	Frankreich	18.099	116.030	216.588	327.611	559.612	616.240	484.781	523.460	597.058
7.	Südkorea	836	17.512	65.016	172.267	371.489	422.007	363.534	466.384	555.214
8.	Italien	13.205	78.104	170.304	240.518	499.882	542.748	406.909	447.301	523.001
9.	Russland	...	...	...	105.565	354.403	471.606	303.388	400.019	521.968
10.	Belgien	11.600	64.540	117.703	188.371	430.952	471.840	370.125	408.745	476.272
11.	Großbritannien	19.430	110.134	185.172	285.425	439.091	459.770	352.888	405.695	473.323
12.	Hongkong	2.515	20.323	82.390	202.683	349.386	370.242	329.422	400.692	455.663
13.	Kanada	16.787	67.734	127.629	276.635	420.693	456.471	316.567	387.912	452.167
14.	Singapur	1.554	19.376	52.730	137.804	299.308	338.176	269.833	351.867	409.504
15.	Saudi-Arabien	2.371	109.083	44.417	77.583	233.329	313.462	192.314	251.143	364.500
16.	Mexiko	1.402	18.031	40.711	166.367	271.821	291.265	229.712	298.305	349.676
17.	Taiwan	1.428	19.842	67.245	151.357	246.677	255.629	203.675	274.601	308.257
18.	Spanien	2.388	20.720	55.642	115.251	253.297	281.493	227.338	254.418	297.418
19.	Indien	2.026	8.586	17.969	42.379	150.159	194.827	164.907	219.670	296.556
20.	VAE	523	21.970	23.544	49.835	178.630	239.213	185.000	220.000	285.000
21.	Australien	4.770	21.944	39.752	63.870	141.358	187.257	154.331	212.634	271.103
22.	Brasilien	2.739	20.132	31.414	55.086	160.649	197.942	152.995	201.915	256.039
23.	Schweiz	5.063	29.632	63.784	80.500	172.078	200.759	172.474	195.386	234.721

Abbildung 5: Exporte Deutschlands

4. Deutschlands Wirtschaft aktuell

4.1.   BIP

Die deutsche Wirtschaft setzte ihren Wachstumskurs auch zum Jahresende 2015 fort. Denn das BIP ist im vierten Quartal 2015 – preis-, saison- und kalenderbereinigt um 0,3 Prozent mehr als im Vorquartal gestiegen. Somit war die konjunkturelle Lage in Deutschland im Jahr 2015 gekennzeichnet durch ein solides und stetiges Wirtschaftswachstum (um + 0,3 % im dritten und vierten Quartal und um + 0,4 % in den ersten beiden Quartalen des Jahres). Im gesamten Jahr 2015 stieg das Bruttoinlandsprodukt um + 1,7 % (kalenderbereinigt + 1,4 %), teilt das Statistische Bundesamt (Destatis) mit. Das im Januar veröffentlichte einstweilige Ergebnis wurde damit größtenteils bestätigt. Positive Impulse kamen im Vorquartalsvergleich (preis-, saison- und kalenderbereinigt) wiederum aus dem Inland: Der Staat erhöhte seine

Konsumausgaben deutlich, die privaten Haushalte noch einmal leicht.[6] Investitionen entwickelten sich positiv, es wurde deutlich mehr in Bauten investiert als im dritten Quartal 2015. Der Export bremste das Wachstum, weil weniger exportiert wurde als im Vorquartal. Gleichzeitig wirkte sich der Rückgang der Importe weniger stark aus.

4.2.   Inflation

Die Inflationsrate belief sich in dem Jahr 2015 auf 0,25 Prozent. Das ist natürlich ziemlich gering, denn wie in Kapitel 3.2. erläutert wirkt sich eine Inflationsrate von 2,0 Prozent positiv auf die Wirtschaft aus. Andererseits bedeutet eine Inflationsrate von 0,25 Prozent, dass die Preise kaum gestiegen sind. Das lässt mehr Konsum zu. Die Frage, die man an dieser Stelle beantworten sollte ist, wieso die Inflationsrate nur um 0,25 gestiegen ist?

Zum einen lag das an dem Verfall der Preise für Mineralölprodukte um 5,8 Prozent zum Vorjahreszeitraum. Schuld daran ist der Rohölpreis. Der Preis für ein Barrel Brent Crude Oil liegt bei etwas mehr als 34 $.[7] 2014 lag er noch teilweise bei 115 $. Ein Barrel ist nun noch weniger als ein Drittel des Hochs von 2014 wert. Der Ölpreis ist auf einem Tief wie seit langem nicht mehr. Einer makroökonomischen Studie der EZB nach verändert sich die Inflationsrate um 0,4 Prozent, wenn sich der Ölpreis um 10 Prozent verändert.[8] Die indirekten Effekte zeigen sich zeitverzögert bis zu 3 Jahre später. Sie bewirken eine Veränderung um etwa 0,2 Prozent.

Zum anderen können sich Wechselkursänderungen direkt auf die Inflationsrate auswirken. Eine Simulation der EZB besagt, dass eine Abwertung des Euro gegenüber dem Dollar um 7,2 Prozent eine Veränderung der Inflationsrate um 0,3 Prozent bewirkt.[9]

Den aktuellen Zahlen nach betrug die Inflation im Januar 2016 0,5 Prozent. Für 2016 ist mit einer steigenden Inflationsrate zu rechnen.

4.3.   Arbeitslosigkeit

Die ausgezeichnete Arbeitsmarktentwicklung der letzten Jahre dürfte sich in der Zukunft weiter fortsetzen. Allerdings ist mit einem Abflachen des positiven Trends bei Beschäftigung und Arbeitslosigkeit zu rechnen. Laut ifo ist die Einstellungsbereitschaft der gewerblichen

---

[6] Statistisches Bundesamt (2016), Bruttoinlandsprodukt auch im 4. Quartal 2015 gestiegen, unter https://www.destatis.de/DE/PresseService/Presse/Pressemitteilungen/2016/02/PD16_044_811.html;jsessioni d=08982DD9ADF3F112DF3707B38A6D535A.cae4 (abgerufen 18.02.16).
[7] Onvista.de (2016), unter http://www.onvista.de/rohstoffe/Oelpreis-Brent-26262975 (abgerufen 18.02.16)
[8] Vgl. tagesgeldvergleich.com (2016), Daten zur Inflation 2015 + 2016 in Deutschland, Prognosen für 2017 & 2018, unter http://www.tagesgeldvergleich.com/inflation-inflationsrate (abgerufen 19.02.16)
[9] Vgl. Dergl.

Wirtschaft auf einem hohen Stand und die Bundesagentur für Arbeit ist über einen steigenden Stellenindex hocherfreut. Das IAB-Arbeitsmarktbarometer deutet aber auf eine Seitwärtsbewegung der Arbeitslosigkeit hin.[10] Es gibt Schwierigkeiten bei der Stellenbesetzung.

Trotz der Tatsache, dass sich die Zahl offener Stellen deutlich erhöht hat, sank die Arbeitslosigkeit weniger stark. Auch in der Umfrage des DIHK wird über den Fachkräftemangel geklagt. Grund dafür ist wohl die demographische Entwicklung. Die erwerbsfähige Bevölkerung (15 bis 65 Jahre) wird ab Jahr 2016 Trotz Zuwanderung vermutlich schrumpfen. Durch Zuwanderung könnte Deutschland im laufenden Jahr nochmals um fast 550.000 Personen wachsen. Darunter ist aber auch eine große Zahl von Bürgerkriegsflüchtlingen und Asylbewerbern, die dem Arbeitsmarkt nicht unmittelbar zur Verfügung stehen.[11] Allerdings könnte sich der Nettozustrom in den beiden nachfolgenden Jahren auf 400.000 beziehungsweise auf 300.000 Personen verringern.

Deshalb wird sich das Beschäftigungswachstum, trotz guter Konjunkturaussichten, allmählich verringern. Obwohl die durchschnittliche Arbeitszeit der Erwerbstätigen zunehmen dürfte, wird sich das gesamtwirtschaftliche Arbeitsvolumen ebenfalls verringern. So wie es aussieht scheinen die Unternehmen Arbeitskräfte über den unmittelbaren Bedarf hinaus eingestellt zu haben. Vermutlich weil sie die bevorstehenden Verknappungen erwartet haben. Das macht sich nun bezahlt.

4.4.   Handelsbilanz

Exportbegünstigend wirkt sich der günstige Wechselkurs des Euro aus. Für einen Dollar bekommt man momentan etwa 0,9 Euro. Das Bedeutet, dass der Euro nicht allzu stark gegenüber dem Dollar ist. Die Nachfrage aus den Schwellenländern war in 2015 schwächer als erwartet. Die Wirtschaft Chinas entwickelt sich nicht weiter, sie befindet sich in einem Transformationsprozess. Die Wirtschaft der Rohöl exportierenden Länder ist immer noch wegen dem Rohölpreistief leicht belastet. Im November haben die deutschen Unternehmen die Ausfuhren um 0,4 Prozent erhöht.[12] Im Dreimonatsvergleich waren die Exporte aber weiter rückläufig (-0,9 Prozent). Ursächlich dafür waren die Schwellenländer, die eine

---

[10] Deutsche Bundesbank (2015), Perspektiven der deutschen Wirtschaft – Gesamtwirtschaftliche Vorausschätzungen für die Jahre 2015 und 2016 mit einem Ausblick auf das Jahr 2017, unter https://www.bundesbank.de/Redaktion/DE/Downloads/Veroeffentlichungen/Monatsberichtsaufsaetze/2015/2015_06_perspektiven.pdf?__blob=publicationFile (abgerufen 18.02.16)
[11] Dergl.
[12] Vgl. Bundesministerium für Wirtschaft und Energie (2016), unter http://www.bmwi.de/DE/Presse/pressemitteilungen,did=748724.html (abgerufen 19.02.16)

schwache Konjunkturphase erleben. Die Wareneinfuhren stiegen um 1,6 Prozent gegenüber dem Vormonat. Der Saldo der deutschen Handelsbilanz entwickelte sich positiv gegenüber dem Vorjahr und betrug + 22,7 Mrd. €. Er liegt unter anderem an den billigen Ölimporten über Vorjahr.[13]

4.5. Bildung

Deutschland investiert genau 4,7 Prozent seines Staatshaushalts von etwa 295 Mrd. € in Bildung und Forschung, das entspricht etwas mehr als 17 Mrd. € (Stand 2014). Laut dem Bildungsbericht 2014 hat sich bei dem Thema Bildung eine Menge zum positiven entwickelt.[14]

Im Vergleich zu 2006 konnte der Anteil der Schulabgängerinnen und -abgänger ohne Hauptschulabschluss weiter gesenkt werden (2006: 8,0%, 2012: 5,9%). Auch die Studienanfängerquote lag 2012 bei 51,4 % und somit deutlich höher als der hochschulpolitische Zielwert der Qualifizierungsinitiative in Höhe von 40 %. Es werden nun etwa 29 Prozent der Kinder unter 3 Jahren in Kindertagesstätten betreut. 2006 waren es 13,6 Prozent. Im Jahr 2013 hat die Zahl der Beschäftigten in Kindertageseinrichtungen einen neuen Höchststand erreicht. Es handelt sich um etwa 440.000 Beschäftigte. Die Zahl der Jugendlichen im Übergangssystem ist deutlich gesunken. Seit 2005 ist ein Rückgang um 38 Prozent zu verzeichnen. Ebenso hat sich die Lage auf dem Ausbildungsmarkt stark verbessert. Deutschland als Hochschulstandort ist attraktiver als je zuvor. In Deutschland studieren 16 Prozent aus dem Ausland.

Diese Verbesserungen betreffen auch Jugendliche, die es schwerer haben. Im Jahr 2012 gehören jedoch immer noch 29,1 Prozent der Kinder und Jugendlichen mindestens einer Risikolage an (32,4 Prozent in 2005). Deshalb bleibt es eine wichtige Aufgabe, insbesondere Kinder und Jugendliche, die unter ungünstigen Bedingungen aufwachsen, gezielt zu unterstützen. Hier sind insbesondere eine frühe Förderung sowie die Sprach- und Leseförderung zentrale Instrumente.[15]

Im PISA Naturwissenschaftentest[16] liegt Deutschland im internationalen Vergleich auf dem 12. Platz. In Mathematik liegt unser Land auf dem 16. Platz und im Lesen auf dem 19. Platz.

---

[13] Vgl. Dergl.

[14] Vgl. Bundesministerium für Bildung und Forschung (2016), unter https://www.bmbf.de/de/bildungsbericht-1530.html (abgerufen 18.02.16)

[15] a.a.O.

[16] Vgl. OECD (2012) PISA - Internationale Schulleistungsstudie der OECD, unter http://www.oecd.org/berlin/themen/pisa-internationaleschulleistungsstudiederoecd.html (abgerufen 18.02.16)

5. Zukunftssausichten Deutschlands

Bedenkt man die niedrige Arbeitslosenrate und den starken Export, dann dürfte es nicht allzu viele überraschen, wenn die Entwicklung der nächsten Jahre um einiges besser wird als erwartet. Die Arbeitslosenrate ist bei 4,7 Prozent und es ist kaum vorstellbar, dass sie sich in nächster Zeit allzu sehr nach oben entwickeln wird. Bis auf die Flüchtlinge, die momentan sowieso nicht für den Arbeitsmarkt zur Verfügung stehen, ist ein Anstieg der Erwerbslosen in Deutschland nicht zu erwarten. Sollte eine Wirtschaftskrise Deutschland in eine Rezession befördern, kommen einige Unternehmen bestimmt auf die Idee zu rationalisieren und entlassen Mitarbeiter. Der Export ist unser Antriebsmotor. Wird der Wechselkurs erstmal so bleiben, wovon auszugehen ist, und der Ölpreis auch, wovon auch erstmal auszugehen ist, dann wird mehr exportiert und das sichert unsere so wichtigen Arbeitsplätze. Wie sind ein Land voller Menschen, die von ihrer Hände Arbeit gut leben wollen. Deutschland ist ein Migrantenland, und keiner ist zu faul arbeiten zu gehen. Jeder will nur vernünftig bezahlt werden. Die Einkommen steigen nur, wenn die Unternehmen steigende Gewinne erwirtschaften. Nach einer Rezession sieht es nicht aus, obwohl das meist ohne Vorankündigung kommen kann, wie im Jahr 2007. Auch wenn von einer Seitwärtsbewegung der deutschen Wirtschaft geredet wird, ist das kein Grund sich zu beklagen. Schließlich haben wir dann auch positive Zuwachsraten. Außerdem ist die Arbeitslosigkeit im europäischen Vergleich sehr gering. Wir können positiv in die Zukunft Deutschlands sehen. Anteil daran hat auch die Politik, stellvertretend Kanzlerin Merkel.

6. Fazit

Das Ziel dieser Arbeit war es, Ihnen die Thematik der wirtschaftlichen Entwicklung Deutschlands zu erläutern. Ich habe mit einem fiktiven Beispiel begonnen und habe dann von der wirtschaftlichen Entwicklung der Vorjahre die aktuelle wirtschaftliche Entwicklung dargestellt. In 2015 wies das BIP einen Zuwachs von 3,8 Prozent auf. Im gleichen Jahr war die Inflationsrate bei 0,25 Prozent auf einem Tief, deswegen sollte die Entwicklung in 2016 positiv werden. Von einer steigenden Inflationsrate in 2016 reden die Experten. Die Arbeitslosigkeit liegt bei 4,7 Prozent der Erwerbstätigen auf einem Europatief. Da hat unser Land der europäischen Konkurrenz eine Menge voraus. Obwohl wir nicht mehr Exportweltmeister sind, weil China uns den Rang abgelaufen hat, exportiert Deutschland von Jahr zu Jahr mehr. In China sind die Löhne und Gehälter einfach deutlich unter den deutschen und das hat zur Folge, dass sie billiger anbieten können. Chinas Produkte sind auf dem

Weltmarkt viel günstiger. Deswegen sind wir nicht mehr Exportweltmeister. Trotz dieser Tatsache haben wir positive Zuwachsraten im Export. Das heißt dementsprechend, dass wir uns keine Sorgen um die wirtschaftliche Zukunft unseres Landes machen müssen. Auch beim Thema Bildung hat sich eine Menge getan, u.a. aufgrund der Arbeit unserer Bundesregierung. Die Zukunftsaussichten und das Fazit runden das Thema ab. Ich hoffe ich konnte Sie informieren und bilden. Ich hoffe Sie finden Gefallen an dieser Arbeit und Sie konnten sich eine Vorstellung machen.

Literaturverzeichnis

Buchquellen:

- Mankiw, Grundzüge der Volkswirtschaftslehre, 3. Auflage, Stuttgart: Schäffer-Poeschel-Verlag, 2004

- Kirschenhofer, Deutschland, Morgenland, Sorgenland – Gedankenprotokoll-trockene Analyse der Entwicklung in Deutschland der letzten Jahrzehnte bis heute, Kindle Edition

Internetquellen:

- Statistisches Bundesamt Deutschland (2015), Bruttoinlandsprodukt 2014 für Deutschland [online], https://www.destatis.de/DE/PresseService/Presse/Pressekonferenzen/2015/BIP2014/Pressebroschuere_BIP2014.pdf?__blob=publicationFile [18.02.16].

- Inflation Deutschland (2016), Historische Entwicklung der Inflation in Deutschland [online], http://www.inflation-deutschland.de/inflation-historisch.html [18.02.16]

- Statistisches Bundesamt (2016), Bruttoinlandsprodukt auch im 4. Quartal 2015 gestiegen [online], https://www.destatis.de/DE/PresseService/Presse/Pressemitteilungen/2016/02/PD16_044_811.html;jsessionid=08982DD9ADF3F112DF3707B38A6D535A.cae4 [18.02.16]

- tagesgeldvergleich.com (2016), Daten zur Inflation 2015 + 2016 in Deutschland, Prognosen für 2017 & 2018 [online], http://www.tagesgeldvergleich.com/inflation-inflationsrate [19.02.16]

- Deutsche Bundesbank (2015), Perspektiven der deutschen Wirtschaft – Gesamtwirtschaftliche Vorausschätzungen für die Jahre 2015 und 2016 mit einem Ausblick auf das Jahr 2017 [online] https://www.bundesbank.de/Redaktion/DE/Downloads/Veroeffentlichungen/Monatsberichtsaufsaetze/2015/2015_06_perspektiven.pdf?__blob=publicationFile [18.02.16]

- Bundesministerium für Wirtschaft und Energie (2016) [online], http://www.bmwi.de/DE/Presse/pressemitteilungen,did=748724.html [19.02.16]

- Bundesministerium für Bildung und Forschung (2016) [online],
  https://www.bmbf.de/de/bildungsbericht-1530.html [18.02.16]

- OECD (2012), PISA - Internationale Schulleistungsstudie der OECD [online],
  http://www.oecd.org/berlin/themen/pisa-internationaleschulleistungsstudiederoecd.html
  [18.02.16]

- Onvista.de (2016) [online],
  http://www.onvista.de/rohstoffe/Oelpreis-Brent-26262975 [18.02.16]

BEI GRIN MACHT SICH IHR WISSEN BEZAHLT

- Wir veröffentlichen Ihre Hausarbeit, Bachelor- und Masterarbeit

- Ihr eigenes eBook und Buch - weltweit in allen wichtigen Shops

- Verdienen Sie an jedem Verkauf

Jetzt bei www.GRIN.com hochladen und kostenlos publizieren